知味新疆

ZHIWEI XINJIANG

永生之羊

YONGSHENG ZHIYANG

本书编委会 编

新疆科学技术出版社

图书在版编目（CIP）数据

永生之羊 / 本书编委会编 .——乌鲁木齐：新疆科学技术出版社，2022.5（知味新疆）

ISBN 978-7-5466-5199-6

Ⅰ. ①永… Ⅱ. ①本… Ⅲ. ①饮食—文化—新疆—普及读物 Ⅳ. ① TS971.202.45-49

中国版本图书馆 CIP 数据核字 (2022) 第 114153 号

选题策划 唐　辉　张　莉
项目统筹 李　雯　白国玲
责任编辑 刘晓芳
责任校对 牛　兵
技术编辑 王　玺
设　　计 赵雷勇　陈　上　邓伟民　杨筱童
制作加工 欧　东　谢佳文

出版发行 新疆科学技术出版社
地　　址 乌鲁木齐市延安路 255 号
邮　　编 830049
电　　话 (0991) 2870049　2888243　2866319 (Fax)
经　　销 新疆新华书店发行有限责任公司
制　　版 乌鲁木齐形加意图文设计有限公司
印　　刷 北京雅昌艺术印刷有限公司
开　　本 787 毫米 × 1092 毫米　1 / 16
印　　张 5.75
字　　数 92 千字
版　　次 2022 年 8 月第 1 版
印　　次 2022 年 8 月第 1 次印刷
定　　价 39.80 元

出品单位

新疆人民出版社（新疆少数民族出版基地）

新疆科学技术出版社

新疆雅辞文化发展有限公司

目　录

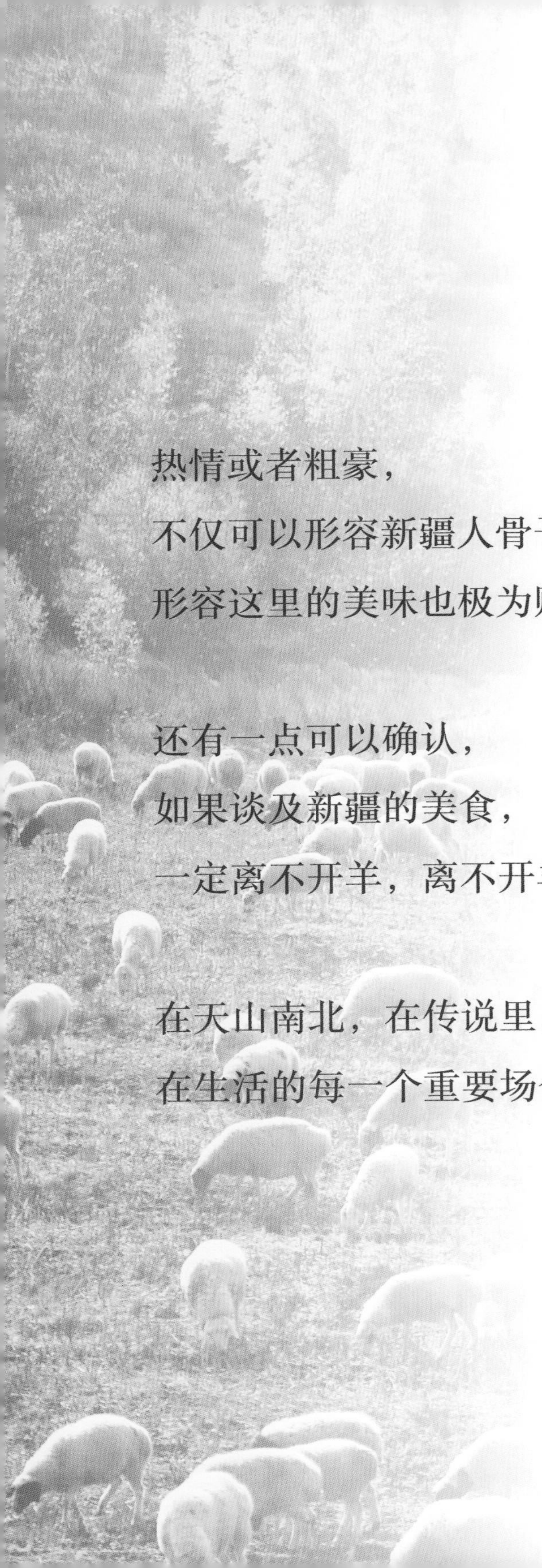

热情或者粗豪，

不仅可以形容新疆人骨子里的性格，

形容这里的美味也极为贴切。

还有一点可以确认，

如果谈及新疆的美食，

一定离不开羊，离不开羊肉。

在天山南北，在传说里，

在生活的每一个重要场合，它们无处不在。

山谷家宴

手抓肉

行走于山间，遥望高山草原的苍翠俊美；掬一捧清泉，感受山间溪流的澄澈甘甜；览一方风情，品味醇香绝美的民俗佳肴。

新疆人喜食羊肉。

每年十月，阿勒泰阿克别依特牧场，羔羊都已育肥，准备过冬。此时的羔羊有着最为肥美的肉质。

清晨，牧民托克托别克打开羊圈，准备把羊赶出去吃草。

今天是他和小儿子约定好的换岗时间——两人轮流着看守牧场，半个月才能见面。

一个人在牧场的生活，是枯燥而孤独的。

好在儿子已经长大成人，可以替父亲分担。

每次换岗，一家人都要坐在一起，吃一顿手抓肉。托克托别克只用一把小刀，便可很快将一只羊的肉切开。

分解好的羊肉，要用盐巴腌制，然后放入清水中炖煮。

当年生的大尾羊，肉质细嫩不膻，带有奶香味，只用清炖，便能够很好地激发羊肉的鲜香。

用这样一锅手抓肉，犒劳已经孤独半月以及还将独行的放牧人，再好不过。

炉火热烈，肉香弥漫。

炖好的羊肉出锅，撒上切碎的皮芽子（洋葱）。

肥厚的羊油、羊脂瞬间裹住舌头，口中被羊肉填满；再喝一碗鲜香扑鼻的羊汤，胃里、心里便都暖和起来。一家人围坐在一起享用美味，这是温暖的幸福时光。

中国作为拥有着五千多年历史文化的文明古国，也同样拥有着丰富多彩的饮食文化，“食羊文化”就是其中一种。古时的人们将马、牛、羊、鸡、犬、豕（猪）六种家畜称作“六畜”，羊作为人类最早驯养的家畜之一，很早便为中华饮食文明的进步画上了浓墨重彩的一笔。

中国作为拥有着五千多年历史文化的文明古国，也同样拥有着丰富多彩的饮食文化。

羊天性耐寒，在我国主要产于青海、西藏、内蒙古、新疆等较寒冷的地区。而同样生活在高寒地区的游牧民族则个个体态强悍，在零下 30 多度的严寒中依旧策马扬鞭、放牧转场，其身体的强壮且耐寒正是与常年吃羊肉的饮食习俗密不可分。

东汉时期的著名文字学家许慎曾在《说文解字》中记载："美，甘也，从羊，从大。羊在六畜，主给膳，美与善同义"，意思是说，美字由"羊"和"大"组合而成，美味则来源于羊。"羊大"之所以为"美"，是因为越肥大的羊，味道也就越鲜美。可见，古人早已将味觉美与视觉美相结合，将味觉视为人类对美认知的重要元素。

金代李杲说："羊肉有形之物，能补有形肌肉之气。故曰补可去弱。人参、羊肉之属。人参补气，羊肉补形。"明代李时珍在《本草纲目》中记载羊肉为补元阳益血气的温热补品。温热对人体而言就是温补，比较怕冷的人群适时吃些羊肉就会感到暖和。这一点在张仲景的《伤寒论》及唐朝的《千金书》中都有记载，由此可见，羊肉早已被奉为进补的滋养美味，成为人们生活中不可或缺的一部分。

在新疆，羊肉自然是餐桌上当仁不让的首选。羊肉对于新疆人来说，不仅源于大自然的馈赠，更是成就了属于这方水土的独特风味。从南疆的盐碱地，到北疆的大草原，新疆的羊品种繁多。

麦盖提的多浪羊、库车的卡拉库尔羊、巴音布鲁克的黑头羊、尉犁的罗布羊、伊吾的盐池羊、吐鲁番的黑羊、伊犁的细毛羊、塔城的巴什拜羊，还有和田羊、伽师羊、沙雅山羊、巴尔楚克羊、巴里坤羊、木垒羊、阿勒泰羊……从南疆的“碱羊”到北疆的“寒羊”，羊的品种各不相同，口味也大有不同。如果说南疆地区以巴音布鲁克的黑头羊和尉犁的罗布羊品质最好，那么北疆地区则以阿勒泰羊为尊。

阿勒泰地处新疆北部，总面积为11.8万平方千米，邻接俄罗斯、哈萨克斯坦、蒙古国三国，是中国西北唯一与俄罗斯接壤的地区，也是丝绸之路经济带上的重要节点城市。阿勒泰，因阿尔泰山而得名。阿尔泰山属天山北出支脉，也是中国新疆和蒙古国的界山，以盛产黄金、碧玺、水晶、海蓝宝石、有色金属等矿产资源著称于世。民谚有云“阿尔泰山七十二道沟，沟沟有黄金”，因此阿尔泰山也被人们称为“金山”。雄伟“金山”的巨大冰川孕育出的额尔齐斯河、乌伦古河等河流奔涌而出，浩浩荡荡流向遥远的北冰洋。自源头至国界全长546千米的额尔齐斯河，千百年来默默浇灌着5.7万平方千米的绿洲和原野。不仅滋养着这片肥沃的土地和各族儿女，也让“金山银水”的美誉响彻祖国大地。元代丘处机的“金山南面大河流，河曲盘桓尝素秋”正是对阿勒泰“金山银水”最美的告白。

从低处的荒漠草原到高处的高山草地，阿勒泰地区的“山地牧场”孕育了古老的草原文明，自古以来就是北方诸多少数民族的游牧之地。哈萨克族牧民作为阿勒泰地区的游牧民族之一，传承着最为古老的游牧方式——“逐水草而居”。他们不浪费每一处资源，根据气候、地形和牧草长势，在牧场之间按季节迁移，为羊儿们提供充沛的自然食物。无论何时，放眼望去，草原上、山坡上繁星点点，群羊自享美味，安然自得，静享与大自然的和谐相处之道。

阿勒泰羊是阿勒泰地区的特产，又名“阿勒泰大尾羊”。阿勒泰大尾羊非常容易辨识，最明显的特点就是臀部高高耸起，肥硕丰满，滚圆庞大。走起路时，屁股左扭右扭，憨态可掬。唐代《新唐书》等史书上曾记载：“西域出大尾羊，尾房广，重十斤。”由此可知，“大尾羊”的名号有多响亮了。

有着“中国优秀绵羊品种之一”和“中国国家地理标志产品之一”双重身份的阿勒泰羊，它由古代哈萨克族牧

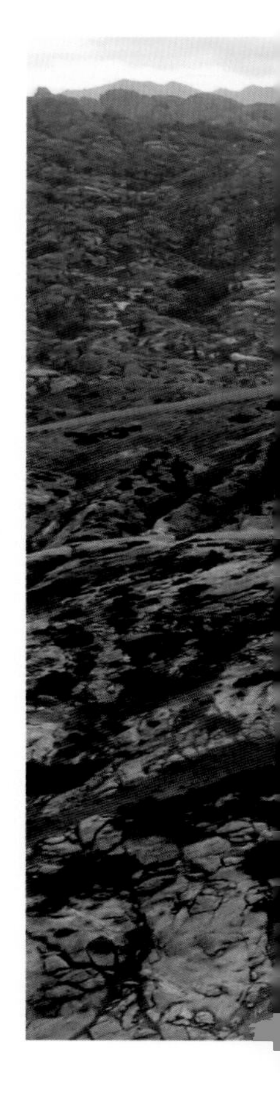

民在游牧生活中选育、培养、繁殖而成。阿勒泰羊擅长途跋涉，每年要“搬家”80多次，行走500～800千米，是世界上游牧路途最远的“千里羊”。跋山涉水的生活方式也造就了它们的体格高大、肌肉发达、四肢刚劲有力，且生长速度快、长膘能力强。平均4个月月龄的羔羊体重就可达到36～39千克，成年公羊的平均体重则高达93千克，母羊的平均体重也能达到68千克左右。它们在夏、秋丰草季节，蓄积大量脂肪；在漫长的严冬和枯草季节释放能量，维持自身平衡。即使是在转场期间也能忍饥耐渴、抗严寒、耐暑热，抗病能力极强。

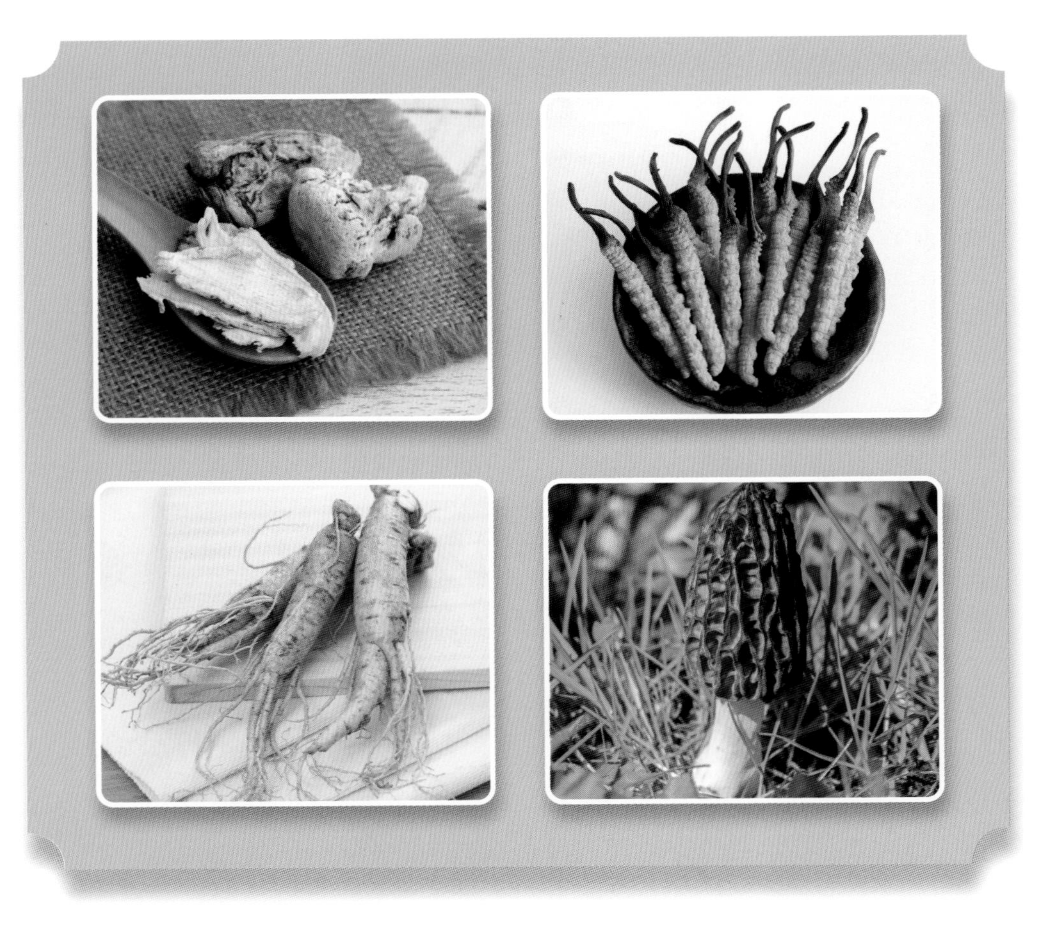

阿勒泰羊常年被牧养在远离城镇、水草丰盛、植物品种繁多的天然草场中，经常可以采食到冬虫夏草、人参、当归、贝母、羊肚菌、野木耳、麻黄等多种野生名贵中草药材，使得其肉质油脂丰沛、丰腴不腻、浓香不膻、鲜嫩清甜，不仅具有滋补药用功效，还是无污染的健康绿色食品。在我国唐代贞观年间，阿勒泰大尾羊就被作为贡品，进献宫廷享用，留下了“羊大如牛，尾大如盘”的美誉。从另一个角度而言，也更加映衬了“羊大为美”这一说法。

阿勒泰地区的人对阿勒泰羊肉的烹制方式极为讲究，制作方法也丰富多样。其中，最受人们喜爱且最常使用的烹制方法，就是清煮。因为，手抓羊肉的原汁原味才是对上品食材的最佳烹饪方式。

手抓羊肉，也叫手抓肉，以手抓食用而得名。创作这道美食最初的原因，相传源自草原的游牧文化。

人们在外出游牧时，经常数月不归。没有固定的地方做饭，广阔的天地间就成为了他们的天然厨房。就地找上几根木头做个支架，生上火，吊上一口大锅。倒入溪边的清水，撒点盐巴，将现宰的羊分解成几大块，丢进锅里。大火烧开小火炖，煮熟后将整块羊肉用手提起来，大口撕扯，大块咀嚼，大快人心。这就是最原始、最美味的吃法了。据说，牧民们在外出游牧前，饱食一顿手抓羊肉，特别耐寒耐饥。久而久之，这道手抓羊肉美食逐渐从草原的毡房、蒙古包中辗转至餐厅、家里的餐桌之上，并越发变得精致起来。

如今，羊头、羊脖、羊排、羊脊骨、羊腿、羊蹄、羊尾、羊杂等各个部位完全可以根据食客的喜好，组合成一份独属于自己的手抓肉味道。对于爱吃羊肉的人来说，来上一组“全羊宴”，也不失为一种绝美的享受。

当然，手抓肉最地道的吃法一定是“返璞归真”。哈萨克族牧民认为，羊是他们对于幸福生活的定义和载体。每逢佳节或宾客临门，最隆重的待客方式便是宰上一只羊，做上一盘手抓肉。宰羊待客时，挑选出来的羊多为一岁以内的羔羊，但不可以选择黑色的羊，他们认为黑羊不吉利。如果家中只有黑羊，就会在黑羊的脖子上系上一块白布，这样就表示不是全黑的羊了。主人会将挑选的羊带进门或者牵到火塘前，向客人表示祝福，并请求得到允许。在牧区的哈萨克族人家中，最有地位的长者才能宰羊，他们仅用一把精致的小刀，配合平日里积累的熟练的操作经验，在保证剥下的羊皮不破损的情况下，也保持了每一个部位的肉完好的状态。

拿捏时间和火候全凭积累的经验和技术，优质的手抓肉靠的就是阿勒泰羊羊肉本身的鲜美和质感。

人们将带骨羊肉剁成大小均匀的块状，冲洗干净，直接冷水下锅。大火煮沸后，捞去浮在表面的血沫，而后调至文火，这样一来“文武兼备”。当沸水遇到羊肉，两者间奇妙的化学反应迅速在锅中发生。肉质渐渐收缩变紧，油脂在炖煮的过程中慢慢释放，羊肉有了筋韧细软的口感。哈萨克族的手抓肉只需要一把食盐，不放其他任何调料。拿捏时间和火候全凭积累的经验和技术，优质的手抓肉靠的就是阿勒泰羊羊肉本身的鲜美和质感。

哈萨克族在上手抓肉和吃手抓肉时都是非常有讲究的，在手抓肉出锅前，铺上一张干净的餐布，邀请客人们围坐桌前。当端肉上桌时，把盛有羊头、肋条肉的盘子放在客人面前。由客人中的年长者先将腮肉割下一块，敬给年纪最长的主人，以此表示尊敬和感谢；再将羊的右耳（肉）递给在场年龄最小的孩子，这是在告诉他要好好听话的意思。然后把羊头敬还给主人，主人会将羊额上的肉递于年长者或德高望重的人，以示尊重；羊脸上的肉则按照年纪长幼，依次分给尊贵的客人。分配完羊头（肉），大家就可以大快朵颐地品尝鲜美的手抓肉了。

新疆手抓肉，有且只有一个辅料，那就是洋葱。

在新疆，人们喜欢把洋葱叫作“皮芽子”，

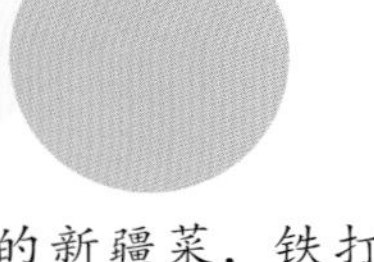

流水的新疆菜，铁打的皮芽子。

可见，作为新疆菜的百搭辅料，皮芽子在新疆人的美食中被赋予了重要的使命。从表面上看，皮芽子的作用在于增香、提味，其实，皮芽子还有一种更为重要的作用，那就是消油解腻、化解油脂，也就是新疆人经常会说到的“刮油”。和标准普通话发音不同的是，在新疆“刮(guā)”

字在口语中常被读作“guǎ”，唯有如此，才能体现出新疆人对于皮芽子的挚爱情怀。如今，皮芽子早已成为人们餐桌上必不可少的健康食材之一。

美味手抓肉的压轴好戏，自然还是中国人传统的“原汤化原食”吃法。那一锅飘着油花和皮芽子的羊肉汤，是雪山融水和羊肉羊骨炖煮出来的精华。捧一碗在手里，边吹边喝，还没喝到一半就感觉整个人暖洋洋、懒洋洋的。此时，终于理解了那句“山珍海味皆过客，一碗羊汤慰平生”的道理。

人们常说：“手抓肉就是吃得一手油花，都不舍得停下的美味。”一直以来，烹制手抓肉始终保持着其最原始古老的传统方法，不以雅致、精细以及烹饪手法的繁杂取胜，而是讲求原汁原味，以食物的量和优质的肉类食材被称道。这道古老而淳朴的家宴，传递着哈萨克族人的生活气息，也彰显了草原牧人直爽粗犷、热情豪放的性格。

黄金盛宴

烤全羊

一道美味的烤全羊，使草原的味道更加丰富，肆意而酣畅，粗暴而直接。

我们把视线从阿尔泰山向南转移，将会遇见几乎横贯新疆中部的天山山脉。

天山脚下的尉犁县，广袤戈壁上生长着一种叫罗布麻的植物和成片的胡杨林。这里的羊以这些植物的叶子为食，高碱的食物，让它们的肉质与众不同。用周岁以内的尉犁羔羊烹制的烤全羊，有着无与伦比的美妙滋味。

年轻的热西提养了1000多只羊，他的烤全羊店远近闻名。

腌制，是烤全羊制作之前必备的工序。

腌制好的全羊，外皮要刷上一层金黄色的糊状调料。

这种调料由盐、蛋黄、姜黄、孜然粉、面粉等调合而成，烤全羊的味道，很多时候要依靠各家秘制的调料来决定。

馕坑里的火烧得很旺，在等待调料香味浸入的时间里，果木会烧尽，留下的木炭，将成为烤制全羊的主力。

热西提将一只只腌制好的羊放进馕坑。

在馕坑密闭的环境里，适宜的坑内温度，会将羊肉慢慢焖烤至熟。

混合着果木香气的烤全羊，看上去金黄油亮，吃起来外皮酥脆，而里面的肉却绵软鲜嫩。

不同的口感，带来不同的味觉体验。

中国最长的内陆河——塔里木河，由阿克苏河、叶尔羌河以及和田河汇流而成。它沿着中国最大的沙漠——塔克拉玛干沙漠边缘一路奔腾，沿河两岸就是中国最大的胡杨林保护区——塔里木胡杨林国家森林公园。100 万亩的胡杨林曲折绵延，在蓝天碧波下，秋叶片片金黄，美轮美奂，风光旖旎，景色壮美。河水最终流入了罗布泊沙漠中的“世外桃源”。那里，有一个名叫“罗布淖尔”的地方——尉犁。

尉犁，丝路文化古迹遍布境内，被史学界称为汇聚古代文明的“第二座楼兰”。悠久的人文历史赋予了尉犁深厚的文化底蕴，罗布人村寨就在这里。当地人喝罗布麻茶，穿罗布麻衣服，以胡杨做舟，以打渔为生，过着原始的群居生活。每逢捕鱼归来，全村各家随意取用，食尽再捕。就连他们的烹饪方式——烤，也充满了最为原始的特征。

烤是人类所掌握的最早的烹调方法，如果从人类使用火开始计算，至今已有 170 万年的历史了。火的产生，可以说是人类历史文明发展中的一个重大进步。当史前人类发现被天火、野火焚烧过的肉质比生肉更加美味时，便开始有意识地学习保留火种。后来，人们学会了钻木取火，“烧烤”也就应运而生了。

据考古资料证实，在发现河套人牙齿化石的附近区域，不但发现了古代人类使用火的灰烬，而且还有烧过的骨骼。从秦汉时期起，到后来的唐、宋、元、明、清，直至民国皆盛行以烧烤方式烹饪。而如今，“烧烤”更是流行于祖国的大江南北，在世界各国风靡。

为什么一种美味可以跨越时间长河而生生不息？追根溯源，火能让生肉变得柔软，易咀嚼好消化；火也能让生肉中的水分大量蒸发，不易变质容易贮存；火还能杀死生肉里的细菌，吃起来更健康。当把生肉放在火上烤的时候，生肉里的氨基酸、油脂类、糖类在高温下生成多种挥发物，这些物质组合在一起，生出沁人心脾的肉香。

可见，人类对于烧烤的天然喜爱，应该是刻在基因里的。

同样，刻在罗布人基因里的还有他们世世代代相传的美食——罗布泊烤鱼和红柳烤肉。千百年来，它们不仅成为尉犁的地方特产，也形成了尉犁独特而丰富的烧烤文化。如果说罗布人村寨的烤鱼烤肉代表了传承和延续，那么尉犁县的烤全羊则代表了融合和创新。

各种美食

烤全羊于新疆人心中的地位，就如同烤鸭在北京人心中的地位一样，作为一道接待贵客的名菜，在新疆的高档宴席中是不可缺少的珍馐佳肴。

《周礼·天官·膳夫》中记载的“八珍”之一“炮牂(zāng)”即是烤羊。《元史》中记载了12世纪时期蒙古族人“掘地为坎以燎肉”来制作烤全羊，据说是成吉思汗最爱吃的一道名菜，也是成吉思汗接待王公贵族、犒赏凯旋将士的一道盛宴。到了13世纪，元朝时期的《朴通事·柳蒸羊》中对烤全羊作了较为详细的记载：“元代有柳蒸羊，于地作炉三尺，周围以火烧，令全通赤，用铁箅盛羊，上用柳子盖覆土封，以熟为度。”可见，当时的制作方式不但复杂讲究，而且还用了专门的烤炉进行烤制。到了康熙、乾隆年间，蒙古族王府几乎都以烤全羊招待上宾，罗王府中的烤全羊更是遐迩京师，名气很大，甚至连厨师也很出名。

古往今来，人们对烤全羊赞颂或笺注典籍，或口耳相传，世代流传，源远流长。经过各民族之间烹饪技艺的相互交融，如今的烤全羊日臻完善，无论是制作工艺还是民族礼仪都有了约定的习俗。在新疆各地举行的盛大宴会上，形、色、香、味兼具的烤全羊带着浓郁的民族风味，成为举足轻重的一道宴客大菜，受到大众的青睐。每逢在宴会时上的烤全羊，都会将羊放在餐车上，在羊角顶系

古往今来，人们对烤全羊的赞颂或笺注典籍，或口耳相传，世代流传，源远流长。

上红色头结，在羊嘴中放上芹菜或香菜，犹如一只卧在那里悠闲吃草的活羊。烤全羊神态可掬的造型、香味扑鼻的诱惑、黄里透油的光泽，会让人眼前一亮，垂涎三尺。食客可以自己动手用刀削肉吃，也可请服务人员切好后呈上。

蒙古族将烤全羊奉为“餐中之尊”，是宴席上一道最为讲究的传统名菜。上席时，烹制者会将平卧着的烤全羊，放入铺满绿叶蔬菜的木盘中。根据各地习俗不同，人们在羊脖或羊角处系一条代表着吉祥富贵的红绸，打成花结以示隆重，有的地方还会让羊头“顶”上一片鲜嫩的奶豆腐。装扮完成后，人们会选择4个身强力壮的蒙古族小伙将烤全羊抬入包间。主人邀请长者或贵宾用无名指蘸酒弹酹敬天地后，举杯祝辞，一饮而尽。然后用蒙古小刀在羊的前额或身上划个“十”字，象征十全十美。整个仪式既是祈福，也是为了表达人们对自然、对食物的尊重。剪彩礼结束，献唱、祝酒等充溢着浓浓蒙古族风情的欢迎活动正式开始，撤下全羊由厨师分装上桌。大家载歌载舞，品尝美味的烤全羊。

除了习俗不同，南北疆在烤全羊的料理方法上也略有不同。尉犁以盛产的罗布羊为选材，将当地特色体现得淋漓尽致。罗布羊是全国知名的优秀绵羊品种，主要饮用天山融化的冰川雪水和地下泉水，以食用塔里木河流域生长的罗布麻、甘草、骆驼刺、肉苁蓉等野生中草药和胡杨树的叶子为主。常年吃这些碱性较高的草料，也造就了罗布羊精肉多、脂肪少、高营养、易消化等特点。尉犁当地的人们在制作烤全羊时，通常选择宰杀后净重在 12 千克以内的“羊娃子”。“羊娃子”是新疆人对小羊羔的一种叫法，其肉质鲜嫩，所以人们经常可以见到许多餐厅会以“羊娃子肉”来招揽顾客。尤其是秋天，小羊贴过秋膘后，皮下会集聚一层脂肪，吃起来口感更富有层次。小羊羔虽不比大羊的肉质有咬劲儿，但容易烤透，当外面的皮焦黄酥脆时，里面的肉也正好鲜嫩适口。如果羊只过大，会因为肉质欠佳而难以入味。

羊肉在烤制之前需要先在秘制酱料中腌制入味，然后再将调成糊状的芡料涂抹全身，给羊穿上一层“金黄色的外衣”。烤全羊所使用的芡料，主要是用面粉将食盐、黑白胡椒、姜黄、孜然粉等佐料调拌而成的。各地烤全羊风味不同，除了烤制方式外，就是取决于各自的腌制调料和外层涂抹的芡料。

尉犁人的烤全羊一定是在传统的馕坑中烤制完成的，他们认为这种烤制方式最为地道。比起用电烤箱烤制的烤全羊，直接用柴火烤出来的烤全羊，才是外酥里嫩，味道绝佳的上品。

在炽热的馕坑中经过两个小时左右的焖烤，混合着烟火气和果木香气、身着“黄金甲”的烤全羊正式出炉。表皮是鲜艳的金橘色，油脂丰盈，浓香扑鼻。橘色的表皮之下是晶莹洁白的膏脂，附着在粉嫩的羊肉之上，层次分明。选一块中意的肉，趁热一口咬下去，表皮焦酥、油脂四溢、肥而不腻、鲜而不膻。吸足了油脂的羊肉汁水充盈、入口即化，绵软鲜香的滋味奔涌而出。将分装好的一盘盘亮闪闪、颤悠悠、润滋滋的羊肉，佐以葱段、蒜泥、面酱，吃起来也是回味绵长。脆、嫩、香的味觉体验如行云流水般穿梭，在齿间久久留香。

烤全羊，可谓是烤肉中的极品。人们也在一直不停地探索、解锁着最适宜烤全羊的吃法，有资深爱好者总结出了“四轮”法则：第一轮，吃的是皮的香酥；第二轮，品的是肉的鲜美；第三轮，尝的是骨的精华；第四轮，感受的是大碗喝酒、大块吃肉的豪气。让人们真正感受到“天下羊肉尉犁香”的美味真谛。

新疆美食有两个特点，羊尽其用和坑烤万物，毫无疑问，黄金盛宴——烤全羊就是两者最完美的交汇点。近些年的时间里，聪慧的人们用了 6 只羊的羊肉做成了可同时供 200 人食用的巨型烤羊肉串；用两头“烤全牛”做出了“牛行天下”；用两峰“烤全驼”做成了“双驼吉祥”；2011 年还同时烤了 100 只鸡，做成了“百凤朝阳”……新疆人总会用最热情的方式，在人们的舌尖上留下记号，使新疆的烧烤文化久久传承。

有人说，新疆烧烤，属于烧烤家族里的主流流派。每到华灯初上时，南疆北疆的大街小巷沉浸在烤羊肉的芳香之中。勤劳的人们各显神通，有的烤整只的全羊，有的烤大块的羊排，还有的烤制便于孩子们食用的小羊肉串……不由得感叹，这升腾起的人间烟火，让人欢喜让人沉醉。

千年一味

石头焖肉

当天赐卵石与草原羊肉共舞同烹，当传统料理与现代技法共生同行，这一切让世人满足的缘由，其实就在这一餐美食中。

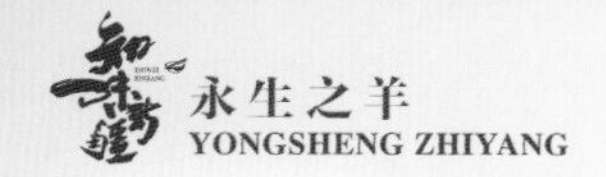

巴音布鲁克黑头羊，是天山西南侧的传奇。

它们的先祖，几百年前跟随土尔扈特人东归，从伏尔加河畔来到新疆。

这种全身纯白、唯有头颈纯黑的大尾巴羊，是哈西巴特一家人主要的经济来源。

今天，廖亮辰要和徒弟一起尝试一道名为石头焖肉的菜品。

在焖制之前，要先将羊肉炖煮熟。

黑头羊羔肉肉质细嫩，加入啤酒，能很好地去膻提鲜。

一同放入的整颗胡萝卜和皮芽子，让羊肉滋味更为浓郁。

将炖煮过的黑头羊羔肉控干水分，放进油锅和秘制的酱料、石头一起油焖，再加入过油后的胡萝卜和土豆块。

做好的石头焖肉，肉有嚼劲儿、土豆酥烂、胡萝卜清甜，有着丰富的味觉层次。锅里的石头持续释放热量，相对恒定的温度，最大限度地保证了美食的风味。

秋天的巴音布鲁克草原，天气渐凉，来一盘热乎乎的石头焖肉再好不过了。

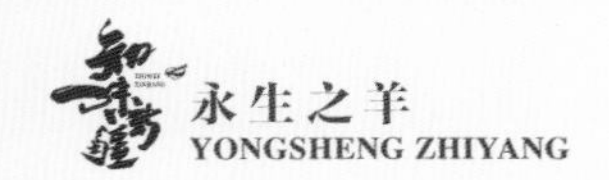

在天山南麓，有一片水草丰美、牛羊成群的大草原——巴音布鲁克大草原。湛蓝高远的天幕，白雪皑皑的冰峰、宁静蜿蜒的河流、广阔寂静的草木，一切仿若画中的天堂。新疆著名的内陆河开都河，经过博斯腾湖流到孔雀河，如玉带般曲折穿行于巴音布鲁克草原的腰间，形成了九曲十八弯的壮丽景象。

巴音布鲁克草原上，小溪流或小水洼中的清澈泉水随处可见，映衬着蓝天碧草，呈现出绝美的草原风光。这些大大小小的水源自高而低缓缓流淌，最终汇成小溪，聚到草原中心低洼的地方，形成大片的湿地，默默滋养着这片土地上的万物。随处可见的黑头羊悠闲地在草原上走走停停，肥壮的牦牛拖着长长的毛发点缀其间。所有的生命就这样安静自然地沐浴在天地之间，生长在辽阔平坦的草原之上。

巴音布鲁克大草原是国家级自然保护区，空气清新，水草丰美，是中国唯一的黑头羊生产基地。这里的黑头羊名为巴音布鲁克羊，素有“高山草原活化石”的美誉，在巴音布鲁克草原特殊的自然环境下，经过长期驯化，已形成为一个肉、脂、毛、绒兼用的优良品种。它们有着黑头白身的奇特外貌，远远望去，如同一个个戴着黑色头盔的勇士。说它们是勇士，是因为它们力大如牛且耐寒抗冻，能驮着人在草地上飞奔，也能在零下 45℃的极寒气温下安全越冬。

巴音布鲁克大草原是国家级自然保护区，是中国唯一的黑头羊生产基地。

黑头羊主要分布在巴音郭楞蒙古自治州的和静县、和硕县、焉耆县和轮台县等地，与焉耆天山马、中国美利奴羊和有着“高原坦克”之称的天山牦牛并称为“草原四

宝”。黑头羊鼻梁高隆，肩宽尾大，体格结实，体型丰满，毛细绒高，抵抗力强，是当地的主体畜种之一，也是中国少有的绵羊品种。作为羊中极品的巴音布鲁克黑头羊，有着“轻奢羊”的美称，瘦肉率极高。肉质尤为细嫩多汁，含有很高的蛋白质和维生素。在众多羊肉中，黑头羊的羊肉胆固醇含量是最低的，其营养价值远远高于普通羔羊肉，被喜欢吃羊肉的人们奉为“钻石级肉羊”。在元、明、清时期，是诸侯进京纳贡的良品。

很久以来，羊肉的吃法多种多样，但也都大同小异，无外乎清炖、烧烤、爆炒、红烧等方式。但在巴音布鲁克，却使用了另外一种更为原始的烹饪方式——石烹。

石烹食物的方法最早可追溯至旧石器时代，它是以石板、石块（鹅卵石）为炊具，利用石头的热量烹制食物的方法。常见的石烹方式有三种：第一种是外加热法，将石头堆起来烧至炽热后扒开，将食物埋入包严，利用向内的热辐射使食材成熟；第二种是内加热法，将石头烧红后，填入用动物皮包裹的食材中，使之受热成熟；第三种是烧石煮法，在坑中或动物皮中加水下入食材，然后投入烧红的石块，使水沸腾煮熟食物。除此之外，还有将薄肉片放在烧红的石头上烫熟的制作方法，据说最早是为了让征战归来的将士们能够在第一时间及时地补充体力和能量，以节省时间调整休息。这些早期的石烹法，也先后被记载于《礼记》等古文典籍中。

饮食的多元化发展，是千百年来劳动人民智慧的结晶。

饮食的多元化发展，是千百年来劳动人民智慧的结晶。这些奇思妙想，不仅丰富了人们的餐桌，也实现了人们对食物味道完整的体验。如今，一些地区仍在用石烹的方法制作美食，从而形成了我国独特的石烹饮食文化。

拉萨市东南部的门巴族，至今还习惯在烧红的薄石板上烙荞麦饼或烹制肉类。西双版纳地区的布朗族，会在野外劳动时挖上一个坑，在坑内铺上芭蕉叶倒入清水，把从河里捕来的鲜鱼和烧红的鹅卵石放入“芭蕉锅”内，水沸鱼熟，别有滋味。从古流传至今的石子馍也是用石头“烫”出来的美味。将面团放在加热的石子上，使其均匀受热，制作好的石子馍上也会留下蜂巢似的凹凸状。同样，鹅卵石烤肠、鹅卵石鸡蛋、桑拿鱿鱼、桑拿虾、石烹腰花、石烹鱼、石锅豆腐、石锅拌饭，等等，用石头制作的石烹菜肴更是花样繁多。以一种烹饪料理为基础，师承多家，不拘常法，复合调味，中菜西做，老菜新做，南料北烹，看似潇洒随意，实则妙手心细。让人们感受到了博大的餐饮美学智慧和浓郁的原始自然风情。

在新疆最受人们欢迎的石烹料理，自然要属来自于巴音布鲁克的石头焖肉了。虽然名为石头焖肉，但可绝不是把肉放在石头上焖熟那么简单。这道极具当地特色的美味背后，还有一个传说久远的故事。

当年，成吉思汗带领蒙古大军出征时，为了减负，从不带炊具。每到一个地方，将士们就用羊皮做器皿，把烧热的石头和生羊肉一起放入羊皮内，封口焖制。当羊皮在蒸气的作用下变得饱满圆润后，再继续用火烤整个羊皮。这样，等待四五个小时，滚烫的石头让羊皮内的肉

变得焦香可口。又因羊皮内的肉与空气完全隔绝，外面持续的炭火可让内部的羊肉在蒸气的作用下变得软糯酥烂。这种做法不但破解了高原地区做不熟饭的难题，同时还保存了肉汁的鲜美，让羊肉香嫩软滑。后来，能够扒整张羊皮的手艺人越来越少，传统的石头焖肉也逐渐发展演变成为如今升级版的石头焖肉。这道美食极致味觉体验的缘由在于慢火、蒸气和高压中恰到好处的发力。

要想制作好升级版的石头焖肉，绝窍就在于是否能真正做到“原汁原味”。在肉品的选择上自是不必多言；再从开都河的河床里精心挑选一些大小均匀的鹅卵石浸泡清洗；配菜配料方面，从胡萝卜、土豆、洋葱再到啤酒、调料、酱料，也全都取自新疆本地。将所有食材准备就绪，就到了烹饪师傅大显身手的时候了。

制作石头焖肉的步骤

煮。充分利用热量来保证食材的原汁原味，尽量保持食材的外形。

煸。大火热油不断翻炒，使食材中的水分因受热外渗而挥发，达到浓缩增香的效果。

焖。在长时间的焖煮中，肉慢慢松化，在小火的助力下，炽热的鹅卵石开始充分发挥它的作用。

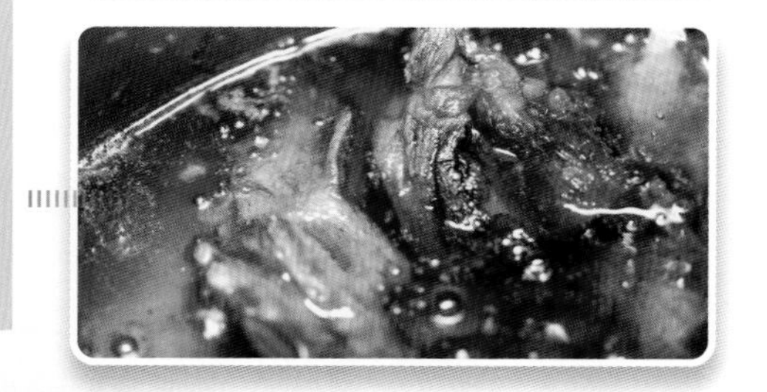

如今的石头焖肉需要经过煮、煸、焖三个制作步骤。

煮，是中国烹饪方式中最为经典的形式之一，以充分利用热量来保证食材的原汁原味，尽量保持食材的外形。选择最简单的烹饪方式，也暗含了对食材的自信。大块的羊肉，配上整根的胡萝卜和足量的洋葱，满满当当一大盆的食材最能体现出新疆人豪放的性格，用这样直白的方式挑战着食客们胃口的极限。

当煮熟羊肉后，就到了煸的时候。将鹅卵石和所有伴着新疆人口味的浓油赤酱食材一同下锅，大火热油不断翻炒，使食材中的水分因受热外渗而挥发，达到浓缩增香的效果。此时，锅中的鹅卵石也达到了最合适的温度。

焖，是用文火将食材焖至酥烂的烹制方法。在长时间的焖煮中，肉慢慢松化，在小火的助力下，炽热的鹅卵石开始充分发挥它的作用。这种原始的焖肉方法让羊肉充分吸收着石块中缓慢释放的热量，羊脂也在高温的焖烧中慢慢融化。滚烫的石块浸润着饱满的油脂，与胡萝卜、土豆里的水分充分相融，完整地保留了肉质和蔬菜在烹饪中散发的所有香气。这是石块与羊肉和蔬菜间在特定环境中相互成就的过程。慢慢地，当石头的温度逐渐下降至恒温状态时，这样的热度足以让蔬菜的清香逐渐渗入羊肉里，蔬菜也完全吸收了羊肉的醇香。掀开锅盖的一刹那，扑鼻的浓香瞬间四溢飘散，羊肉和蔬菜和着融化的羊油被焖得娇艳金黄。

掀开锅盖的一刹那，扑鼻的浓香瞬间四溢飘散，羊肉和蔬菜和着融化的羊油被焖得娇艳金黄。

羊肉的厚重，土豆的清爽，混合着胡萝卜的香甜，不仅去油解腻，更为焖肉带来了丰富的味觉层次。巴音布鲁克的黑头羊肉，因为有着天然的食材优势，即便不加任何佐料，也足够鲜美。取一大块放入口中，淡、甜、香，逐一在口中绽放。细细品来，则能品味出更多不同的味道，无论是羊肉金黄的表面，还是焖熟的内里，佐料味都与肉味非常自然地融合在一起。让人有种明知香味浓厚，却无法表达味蕾享受的窘迫。

这一锅地道的石头焖肉对火候的把握非常重要，也是对火最高超的运用。美味的石头焖肉对热爱生活、热爱美食的人们而言，的确具有天然和完美的诱惑。这一锅喷香的石头焖肉，在火与石的交融中，表达着喜悦和幸福的

感觉，足以慰藉辛苦了一年的自己。

人们常说游牧的生活方式，衍生出了粗犷的饮食文化，历经了火烹、石烹、水烹、油烹四个阶段，从原始走向了文明。如果说手抓肉属于水烹料理，烤全羊属于火烹料理，那么古老的石头焖肉则理所当然的属于石烹料理。而如今，升级版的石头焖肉则属于结合了石烹、火烹、水烹和油烹的所有料理形式，不仅满足人们对美味的追求，也让人与大自然共度温馨时光。

古城记忆

缸子肉

经典的炭火炉上一只只有些斑驳的搪瓷缸子整齐排列，伴随着咕嘟咕嘟的气泡声和氤氲缭绕的羊肉香，惹人驻足。

在昆仑山脚下的喀什，有一种缸子肉，是驱寒佳品。

缸子肉，因其用搪瓷茶缸烹制而得名。

在喀什老城，以喀什小尾羊为主材的缸子肉，非常出名。

今天，牛羊巴扎里十分热闹。热扎克早早赶过来，他要挑选几只羊，为自家的生意做准备。

热扎克在喀什老城经营着一家缸子肉店。他家的缸子肉，肉质软烂、汤汁鲜香，很受欢迎，每到旺季，一天可以卖出几百份。

一大块肉，放上几片胡萝卜，在铁炉子上慢慢炖出香味。

炖好的缸子肉，肉质鲜嫩，汤味浓郁，是一道难得的美味。

吃缸子肉，要配窝窝馕。把肉汤倒入碗中，窝窝馕掰碎泡进去，吸满了汤汁的碎馕，滋味尤其可口。

在不远处的老茶馆里，很多客人会点缸子肉。老茶馆里的砖茶可以解腻，一份窝窝馕、一壶砖茶和一份缸子肉，就可以消磨一天的时光。

游走于街巷中，当地人的生活方式也原汁原味地呈现在人们的眼前。

晨光熹微，一抹阳光将古朴沧桑的民居建筑映衬得金光熠熠。古色古香的巷弄、悠长弯曲的小径、斑驳陆离的围墙……沐浴在晨光下，喀什古城从静谧中醒来。这片世界上现存规模最大的生土建筑群之一——高台民居依崖而建，院落连着院落，房屋依着房屋。纵横交错的小巷，依旧保留着朴素的黄墙，透出烟尘的沧桑。这个被时光与故事填满的地方，是我国目前唯一保存下来的具有典型古西域特色的传统历史街区。它是一座有温度、有味道的老城。

喀什古城不仅是一座开放式的国家 5A 级旅游景区，还是几十万居民的生活区。游走于街巷中，当地人的生活方式也原汁原味地呈现在人们的眼前。孩子们在家门口欢快地嬉闹，老人们三两结伴坐在椅凳上细语，制铁手艺人击出的叮叮当当的声音，传得很远，馕饼店的伙计也烧起了馕坑，泛着金黄色、飘着麦香的馕很快要出炉了。在馕的旁边，缸子肉也熟了，散发出的香味引得人们纷纷驻足。说起喀什人的一天，要从这一份缸子肉开始。

缸子肉极具年代感，它是当地维吾尔族的传统特色料理，自 20 世纪五六十年代兴起，风靡至今。鲜，是它给人的第一印象。缸子肉其实就是迷你版的清炖羊肉，食材非常简单，做法原始且自然。

缸子肉讲究原汁原味，虽然制作方式颇为简单，但是在食材的选择上绝不马虎。一个缸子中只放进一块肉，而且一定是肥瘦相间的带骨羊肉。如果太肥，在煮熟后会让人觉得油腻而无法下口；如果太瘦，则又会导致肉汤过于清寡，吃起来不香。看似无味，实则醇厚的羊骨头也别有一番滋味，在缓慢加热的过程中，骨胶原完美释放，与羊肉鲜汤充分相融——“撞个满怀”。

缸子，这一原生态的炊具在这里被发挥得淋漓尽致。

在配菜的选择上，除了将胡萝卜作为固定搭配外，有的地方还会佐以“沙漠人参”——恰玛古、“豆中之王”——鹰嘴豆等营养丰富的食材共烹。也许正是因为缸子的容量小，所以缸子肉的味道才会更加浓郁、更为纯正。即使隔着很远，也可以闻到那股羊肉的清香。

散着香气、冒着热气的缸子肉煨在炉子上，仿佛整装待发的士兵。因热气顶着缸盖发出的咕咚咕咚的响声，成为街头巷尾最美的乐曲。

缸子，这一原生态的炊具在这里被发挥得淋漓尽致。新疆人的地方方言中都爱带“子”字，又非常喜欢用叠词，比如：盆盆子、碗碗子、盘盘子、筷筷子，所以也通常将杯子叫作“缸缸子”。缸子肉，也被称为“缸缸肉”，使用的仍是20世纪五六十年代家家都会有的搪瓷缸子。那个年代盛行搪瓷器皿，当时的搪瓷盆、搪瓷碗、搪瓷盘、搪瓷杯等在人们的生活中都扮演着十分重要的角色。当时结婚时男方家里一定会有的三大件，其中一种就是这种搪瓷缸子。这个老物件在中华人民共和国成立初期，如果有人拿它泡茶、喝水的话，很多人都会投来羡慕的目光，在物资匮乏的年代，它也是人们关注的焦点。

后来，搪瓷缸子逐渐退出人们的生活，被更多新物品替代。但是这种老物件却成为美味缸子肉的重要特色，深受全疆各族人民和国内外游客喜爱，唤起人们无尽的回忆。人们在吃缸子肉时，仿佛也是在还原老一辈的用餐场景，承载着旧时的情怀。斑驳掉瓷的缸壁上，有时候也能看见雷锋、草原英雄小姐妹、黄继光、董存瑞等英雄人物的画像。

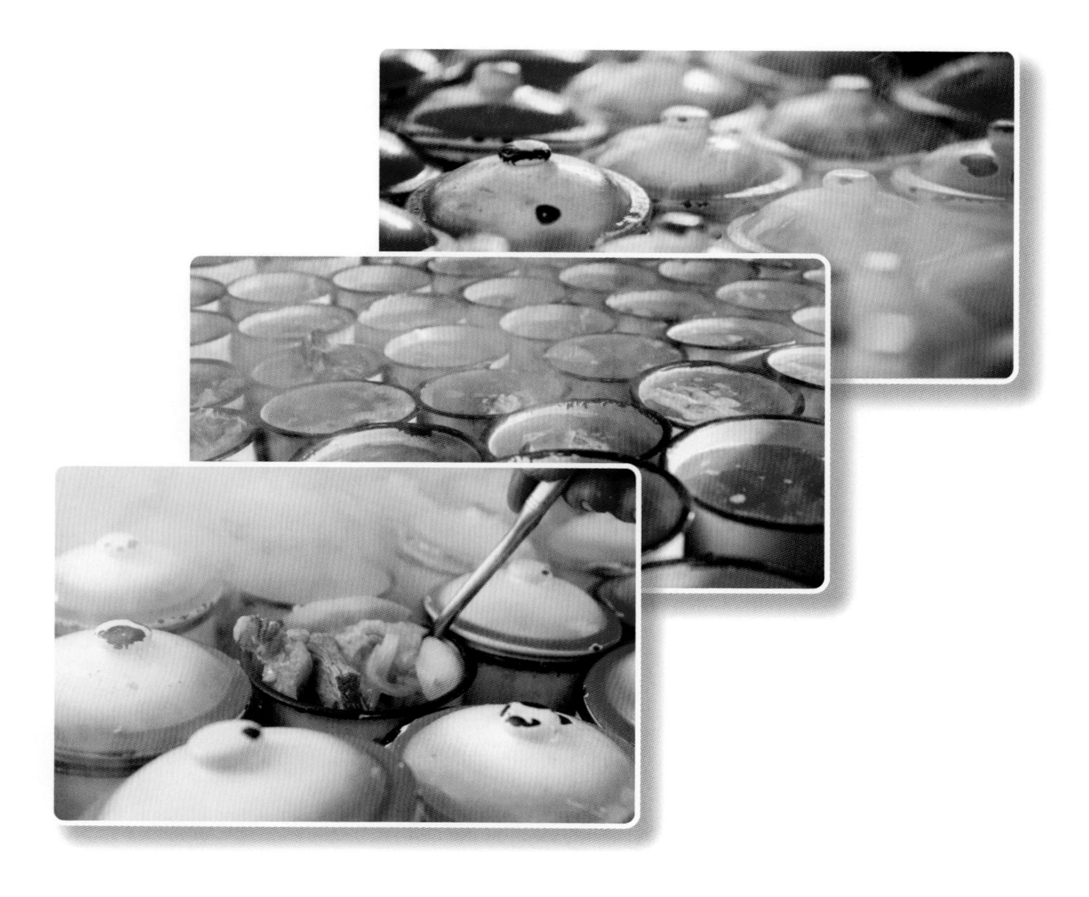

新疆人都爱吃羊肉，特别是到了冬天，出门在外能吃上一口热腾腾的羊肉，喝上一口暖融融的肉汤，那绝对是冬天里最温暖的怀抱。和大份美食不同，缸子肉基本就是一人份，当一个人想吃清炖羊肉又担心吃不完的时候，来一份缸子肉是再合适不过的了。

在喀什地区，经常能看到很多人大清早就会点上一份缸子肉，再配上一个嚼劲十足的窝窝馕，与之形成最完美的黄金搭配。热腾腾的缸子肉上桌，可先别着急吃肉，先将肉捞出放在小碟子中晾着。趁着肉汤温度高的时候，将窝窝馕掰成小块，泡在缸子里。直接用手抓起那酥烂醇香的肉块放入嘴中，带骨羊肉集嚼劲与糯感于一身，瘦肉部分吸足了汤汁的鲜美，带皮油脂部分迅速融化于舌尖，只留下香味在唇齿间辗转。只有足够优质且没有一丝膻味的羊肉，才能承受住如此纯粹而任性的吃法。

吃口鲜甜的胡萝卜，再喝口融合着所有精华的羊肉汤，荤素搭配，酣畅淋漓。等肉啃完了，窝窝馕也泡软了，一口馕一口汤，汤底的浓郁滋味也都被尽入口中。喝光最后一口缸底的肉汤时，浑身上下早已被这股热浪般的暖流簇拥着，意犹未尽的感觉足够让人们回味良久。

缸子肉，既是一种烹饪方式，又是一种美味佳肴。这道美食，有汤、有肉、有菜，既能饱腹，又能解馋；既有营养，又有美味。历经数十年，食材没变，做法没改，这味道自然也不会改变。

关于缸子肉来由的说法很多，一种说法是在新疆和平解放以后，喀什各族群众送上现宰的羊肉慰问解放军战士。因为部队长途跋涉，没有带可以煮肉的大锅，战士们只好用随身携带的搪瓷茶缸，将羊肉切成小块，与胡萝卜、洋葱一起装进茶缸里，撒上食盐，架在火堆上炖煮。没想到味道特别鲜美，从此便流传下来。

还有一种说法是缸子肉形成生于20世纪60年代的喀什。为建设大美新疆，人们一起出工，一起吃饭，仅凭一把“坎土曼”就能在工地上干得热火朝天。上级领导考虑到大家的伙食有些简单，便派人送去羊肉改善生活。但是工地上的锅太少，肉类食物也不好分配。一位维吾尔族干部看见人们喝水的搪瓷缸子，灵机一动。他让炊事员按照人数，把羊肉和胡萝卜切成相同的份额，分给每个人。让大家自己加水、加盐、生火，用缸子煮羊肉，现场一派热气腾腾的景象。人们辛劳后的疲累被鲜香四溢的羊肉所缓解，晒黑的脸庞个个泛着红光，缸子和肉的结合也焕发出了它的光彩。此后，用缸子煮羊肉便从喀什地区流行开来，在新疆广为流传，这道美味也遂以“缸子肉”命名。

这一缸子清炖羊肉，既是一个传说、一个故事，也是一个城市的文化承载和历史积淀。如今，喀什古城街巷的上空，依旧充盈着缸子肉的香气，不管是远是近，或浓或淡，都是最美的人间烟火气。于当地人而言，是生活的自然延续；于旅人而言，则是一种向往，一次疗愈。

走进老城，在老旧色彩的晕染下，恰如一幅淡彩的复古油画。在老茶馆沏杯茶，吃份缸子肉，来个窝窝馕，和身边的老人聊聊天，任时间静然流淌，也是这里最让人艳羡的古城记忆。

七宝之羹

羊杂汤

未食而乡情浓浓，诱人食欲；食之则香飘四溢，回味无穷。食为天性，不仅为果腹解馋，熟悉的乡味永远占据味蕾一隅，意惹情牵，历久弥香。

乌鲁木齐，“一带一路”上最耀眼的明珠，新疆最繁华的省会城市。这里荟萃了来自新疆乃至全国各地的美食，各种美食相互交流交融，形成了独特的风味。

羊杂汤，是西北五省常见的一种美食，但从食材处理到做法上，又各有不同，因此有着各自独特的口感。

马小虎在宁夏有过 6 年制作羊杂汤的经验，来到新疆后，他将宁夏的羊杂汤进行了一番改良，于是有了这种新式的羊杂汤。

汤底，将之前的羊杂乱炖，改为如今的牛骨头炖制。再放入提前煮制好的羊杂，并放入十余种秘制调料。煮出的羊杂汤清香不腻，还飘散着一股类似于小麦的鲜香。

一碗鲜美的羊杂汤，食材必须新鲜。现宰的羔羊，羊下水（羊的内脏）第一时间会被送到店里，进行处理。

每一个细节，都关乎一道美食的品质。
马小虎明白这个道理。

食物总是与一方水土有着千丝万缕的情缘，在新疆这片热土上，自古以来农耕文化与游牧文化相互交融。由此衍生出的风味各异、亦农亦牧的新疆美食，更是从南到北犒劳着一代又一代新疆人的肠胃。在擅长烹饪羊肉的新疆大厨手中，一只羊足以有百样吃法，没有任何部分可弃，羊杂自然也不会例外。

所谓的羊杂，通常是指羊的内脏部分及头、蹄。因新疆人的饮食习惯，羊杂是不含血的，这样就少了腥膻味。羊杂，在新疆人的心目中有着特殊的地位，吃了就会让人难以忘记。作为新疆特色饮食中比较独特的存在，一碗地道的羊杂汤带着粗犷、随意的性格，成为人们生活里必不可少的烟火气息。

要想制作出一碗地道的新疆羊杂汤，当然要有所讲究。新疆的羊杂汤是全杂料，包括心、肝、肠、肚、肺、头、蹄七种食材。主料是心、肝、肺，又被叫作“三红”；辅料是肠、肚、头、蹄肉，也被称为“四白”。同时，还要讲究汤、料、味“三要素”。汤，要老汤；料，要新鲜；味，要奇香。

羊杂汤，从字面上来看，似乎简单易做，不外乎是将所有食材下锅炖煮即可，但实际操作起来却很不简单。新鲜的原料在处理方面讲究干净细致，所有的食材都需

羊杂，贵在碎。不杂不碎，吃起来就没滋味，所以在处理方面最为讲究的就是刀工。

要经过反复的清洗后，再根据各自的特征逐一清理。头和蹄要用火褪毛，刮干洗净，去除硬角和蹄尖。羊肠需翻面揉搓洗至白净，去除脂肪和杂质。羊肚要用沸水冲烫后刮去肚膜，羊肺需反复灌水清洗，等等，当所有食材洗净后，放入大锅水煮，水开后撇净血沫，转小火慢煮。水再开后，羊肝 20 分钟左右捞出，羊心、羊肺煮 40 分钟左右捞出，余下的食材需小火慢煮一个半小时左右，方可品尝时间成就的美味。

羊杂，贵在碎。不杂不碎，吃起来就没滋味，所以煮熟的食材在处理方面最为讲究的就是刀工。将羊头和羊蹄上的肉剔下，然后将煮熟的其他部位依次改刀，切成不同的样式。主料心、肝、肺切成碎丁或薄片；辅料肠、肚、头、蹄肉要切成细丝和长条。一碗羊杂汤的用量要搭配均匀，避免某种食材过多或太少。最后，将所有改刀好的食材全部倒入高汤中，佐以各种调味料，小火炖煮 10 分钟即可出锅。

迫不及待地拿起筷子，夹一大块饱含汁水的各色羊杂送进嘴里，咬下去的瞬间满足感就会涌上心头。细细品味着汇聚了脆爽、筋道、鲜嫩、绵软等多重食物的口感，每个部位都呈现出不同的味道，绝对让人惊喜于味蕾上的满足。两手端着大碗边缘，慢慢啜上一口营养丰富的汤汁，不膻不腻、汤鲜味美、入口生津。原来最不可思议的味道是让食物返璞归真，用最简单的食材成就最纯粹的美味。

羊杂汤之所以好吃，是因为它热量很足，有强大的“果腹”能力。既能当早餐，又可做午餐或晚饭，老少皆宜，四季均可食用。尤其是在寒冷的冬季，喝一口汤，从口腔到腹中一下子便进入了热循环模式。三口两口，额头就有了细细的汗珠。一碗汤还未全下肚，周身已经热起来了，冬日的寒气在顷刻间就会被驱散。

传说，这道冬日滋补的养生家宴其实从元代起就开始广为流传了。相传成吉思汗在西征途中，被围困在今陕西榆林附近的荒山野岭处。此时粮草将尽，部队的补给陷入了严重危机。后勤人员为了能保证将士们的伙食供应，

传说，这道冬日滋补的养生家宴其实从元代起就开始广为流传了。

在万般无奈的情况下，把本已丢弃的羊头、羊蹄、羊肝、羊心、羊肠、羊肺、羊肚等充分利用起来，清水洗净，剁成碎块，炖在一个大锅里。因没有调味品，后勤人员遂将长在野地里的几棵野香菜采来，一并放入了锅中。将士们在品尝过后，均称赞此汤的味道堪称一绝，丝毫不逊色于平日里吃到的美味佳肴。随着人们的口耳相传，羊杂汤的制作方法也传到了民间。经过民间厨师更进一步的整理、完善、加工，逐步形成了各地餐桌上极具特色的佳肴，并流传至今。

其实，每一道传统美食的背后，都有一段丰富精彩的故事。这也让人们在品尝美味的同时，不仅能感受到舌尖的愉悦、味蕾的舒心，更能从中了解到中华美食文化的博大精深。

在新疆，羊杂除了制作羊杂汤外，比较常见的吃法之一就是烧烤。比如羊肝、羊肠、羊心、羊腰等都能用钎子穿起来烤制，比较冷门一点的还有烤啬脾（脾脏）、烤心管，等等。羊肚虽然也有烤的，但更多的则是用来爆炒。爆炒肚丝、爆炒肚片都是最为家常的做法。羊肚改刀切丝或切成菱形的片状，沸水氽烫，干红辣椒用水泡软，一同下锅，加入葱、姜、蒜、花椒等调料旺火爆炒。制作出的美味羊肚香辣入味，唇齿留香。

爆炒，也是最适宜羊杂的烹饪方法之一。爆炒羊腰、爆炒羊心、爆炒黑白肺等，都是羊杂爱好者餐桌上必不可少的一道美食。所谓的黑白肺，就是指煮熟后的黑色羊肺和灌入了面浆蒸熟后的白色羊肺两种食材，通常也会搭配用大米灌制的羊肠一同爆炒，凉拌、汤食均可，是新疆人的心头至宝。

如今，各个地方基本都有关于羊杂的美食。内蒙古有“羊杂三汤”的说法。将一副羊的五脏下锅煮好，连汤带水热乎乎地吃起来，这叫吃“原汤羊杂”，味道体现在鲜美清淡上。怕羊杂有五脏异味的人们，事先将洗好的羊杂放在锅里氽一下，把汤倒掉，再将羊杂蒸熟切好，重新入锅添水放调料煮一下，盛到碗里，这叫吃“清汤羊杂”。街边小摊上每日卖的羊杂，都在同一个大锅里续煮，一锅汤用文火熬制，汤稠如油，色酽如酱，这叫吃“老汤羊杂”。羊杂酥烂绵软，香醇美味存于汤，所以卖家最不愿给食客们加汤，可懂行的人却知道什么才是真正的精华所在。

辽宁的“羊汤”也是羊杂汤的一种。这个名字让新疆人听来可能有些奇怪，因为新疆人要么叫羊肉汤，要么就叫羊杂汤，没有“羊汤”这种叫法。其实，辽宁的“羊汤”是将羊肉、羊血和羊杂统统切成丁，放入羊肉汤中佐以香菜、香葱、辣椒、胡椒等来调味。形式上与新疆的羊杂汤的确有着异曲同工之妙，但是最大的区别就是，新疆的羊杂汤不放羊肉，也不放羊血。

食物取材于丰饶的大自然，而美味却是人们在多年劳作中的积累。新疆人对于羊杂汤的喜爱和坚守，与其说是一种饮食习惯，不如说是一代代人沉淀到骨子里的传统文化。一碗简单的羊杂汤，将羊的“七宝”相融到同一碗中，凝聚着草原文化与游牧文化的精髓，散发着浓浓

食物取材于丰饶的大自然，而美味却是人们在多年劳作中的积累。

的新疆味道。当咀嚼时从唇齿间逸散出清淡的鲜气，这羊杂汤的风味也就彻底地绵延心间，散落在旧时光的回忆里。

这是一些关于羊的美食故事，也是关于人的故事。
无论是原生之味的手抓肉，还是大胆创新的石头焖肉，又或是走在改良路上的羊杂汤，每个故事的背后，都有着人们对生活的热情和温暖的眷恋。

因为这些，美食才有了温度，才有了直抵人心的力量。

每当暮色之时，手抓肉、烤全羊、石头焖肉、缸子肉、羊杂汤……这些代表着新疆人情怀的老味道，都会让缕缕炊烟升腾在穹宇中，弥漫在黄昏的街头。凡路过之人，皆可感受得到。人们把浪漫、诗意和繁复之美，鲜明地烙在每一种关于羊的美食上，使之呈现出缤纷色彩，叫人望之垂涎。闭上眼睛，深深地吸吮一口，便会沉醉在这浓浓的乡情里，徜徉在这美食的故乡。